विशेष मेरी अद्भुत, अविश्वसनीय, अद्भुत और प्यारी पत्नी कैरोल धन्यवाद! आपका समर्थन और मुझ में विश्वास और मेरे चूंकि हम बच्चे थे द्वारा अपनी उपस्थिति से मैं व्यक्त कर सकते हैं मुझे करने के लिए और अधिक कीमती है।

शब्दों और रेखांकन भी द्वारा
माइकल रिचर्ड क्रेग।

1   2

5   6

9

3   4

7   8

10

एक

1

मूर्खतापूर्ण

चेहरा

MRC

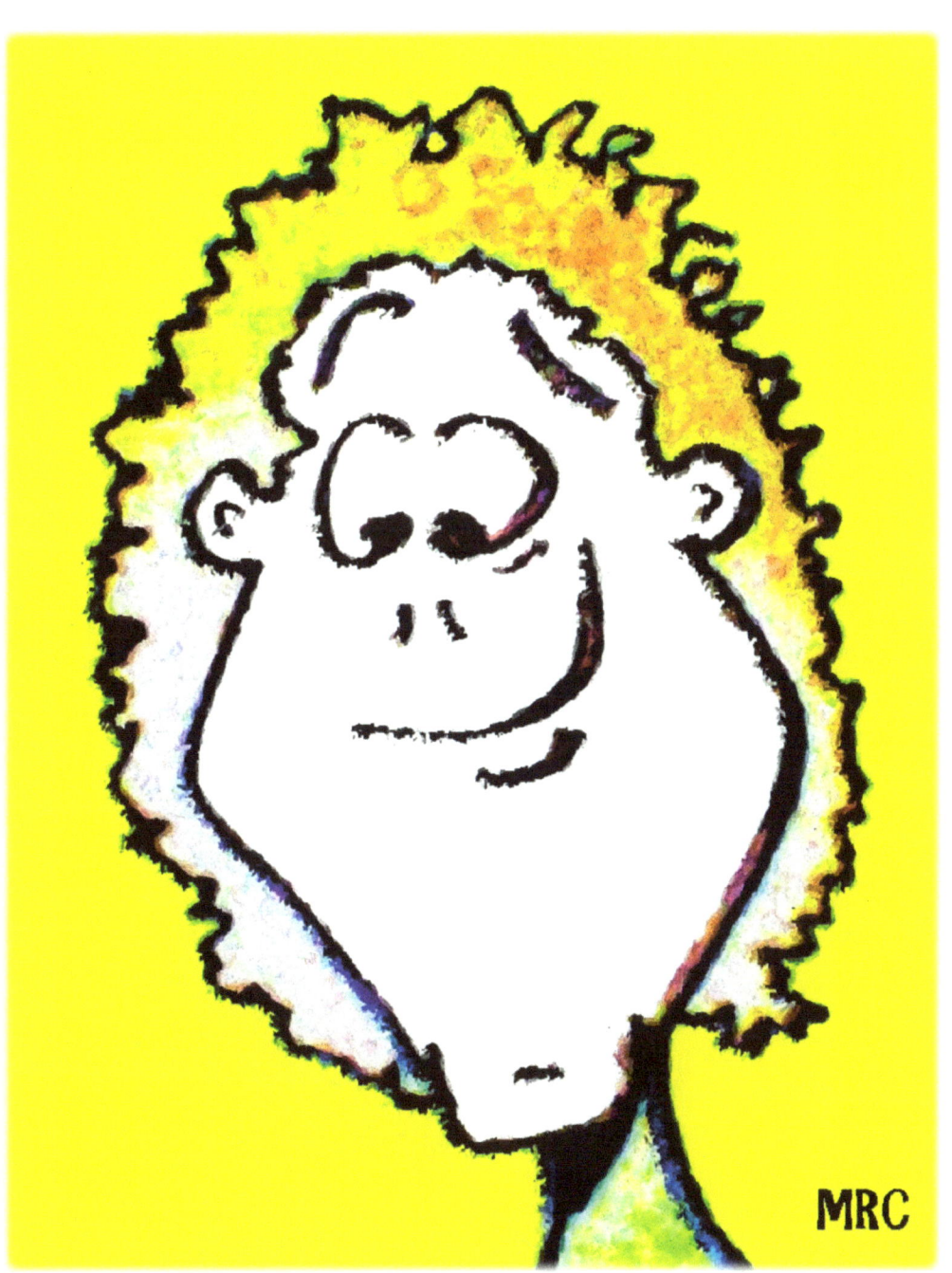

दो

2

चेहरों को

बेवकूफ

तीन

3

चेहरों को

बेवकूफ

चार

4

चेहरों को

बेवकूफ

पांच

5

चेहरों को

बेवकूफ

छह

6

चेहरों को

बेवकूफ

सात

7

चेहरों को

बेवकूफ

आठ

8

चेहरों को

बेवकूफ

नौ

9

चेहरों को

बेवकूफ

दस

10

चेहरों को

बेवकूफ

1

2

3

4

5

6

7

8

9

10

समाप्त.

भगवान

नौकरी!

इन चेहरों से संग्रह कर रहे हैं

कई चेहरे"

की

माइकल रिचर्ड क्रेग"

यह एक सौ के लिए मूर्खतापूर्ण चेहरों की गिनती

की एक दस वॉल्यूम सेट में पहला है।

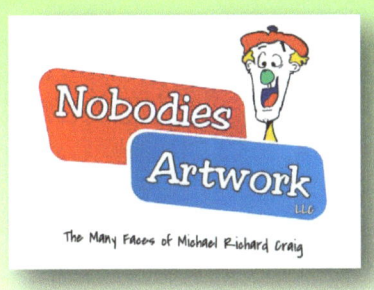

Nobodies Artwork LLC

The Many Faces of Michael Richard Craig

Nobodiesinc@yahoo.com

TeeGeeBeeTeeGee